Sheikh Yusuf

Efeito da cinza de casca de milho da Cal-Guiné no solo laterítico

Sheikh Yusuf

Efeito da cinza de casca de milho da Cal-Guiné no solo laterítico

ScienciaScripts

Imprint

Cover image: www.ingimage.com

This book is a translation from the original published under ISBN 978-3-330-33257-7.

Publisher:
Sciencia Scripts
is a trademark of
Dodo Books Indian Ocean Ltd. and OmniScriptum S.R.L publishing group

120 High Road, East Finchley, London, N2 9ED, United Kingdom
Str. Armeneasca 28/1, office 1, Chisinau MD-2012, Republic of Moldova, Europe
Managing Directors: Ieva Konstantinova, Victoria Ursu
info@omniscriptum.com

Printed at: see last page
ISBN: 978-620-8-38262-9

Capítulo I

Introdução

1.0 Preâmbulo

O impacto da cal guineense (pozolana) desempenha um papel inegável no futuro do sector da construção. Isto deve-se à escassez e ao aumento do preço do cimento. Na Nigéria, onde mais de um terço da população vive em condições insalubres, o problema tende a agravar-se nos próximos anos. O problema está a tornar-se cada vez mais agudo nas cidades, especialmente nas capitais, onde os bairros de lata e os aglomerados populacionais representam cerca de metade da população, e até 70% numa cidade (Joseph, 1988). De um ponto de vista económico, tecnológico e ambiental, este projeto centra-se na utilização de cinzas de casca de milho calcário guineense (um resíduo agrícola) como material de cimento. Akintola et al (1982), Atualmente, a utilização de terra laterítica para a construção está severamente restringida às áreas rurais, e mesmo o bloco de areia-betão (que é mais caro) está gradualmente a substituir a utilização de terra laterítica. A razão para este facto é que o arenito de Creta atinge a sua resistência máxima em 28 dias. Esta tendência não é satisfatória, pois é necessário valorizar os materiais locais. Muitos cascalhos e pisolitos lateríticos, que são também bons solos lateríticos, podem ser melhorados através de modificação, estabilização ou ambos. A modificação de solos lateríticos envolve a adição de um modificador (cimento, cal, etc.) à laterita para alterar as suas propriedades de índice, enquanto a estabilização é o tratamento de solos para melhorar a sua resistência e durabilidade, de modo a que se tornem totalmente adequados para construção para além da sua classificação original (Bajeh et al., 1994). Ao longo do tempo, o cimento e a cal têm sido os principais materiais utilizados para estabilizar os solos. O preço destes materiais aumentou rapidamente devido ao forte aumento dos custos da energia desde 1970. A dependência excessiva dos aditivos de melhoramento dos solos produzidos industrialmente (cimento, cal, etc.) manteve financeiramente elevado o custo da construção de estradas estabilizadas. Este facto impediu até agora que os países pobres e subdesenvolvidos do mundo pudessem fornecer estradas transitáveis aos seus habitantes rurais, que constituem a maior parte da sua população e dependem principalmente da agricultura. A utilização de cinzas de casca de milho guineense reduzirá significativamente os custos de construção. A estabilização da laterite com um material de cimento secundário, como a cinza de casca de milho da Guiné, reduzirá o impacto ambiental global do processo de estabilização. A cinza de casca de milho da Guiné é um resíduo agrícola resultante da moagem do milho da Guiné. Cerca de 10 milhões de toneladas de cascas de milho guineense são produzidas anualmente em todo o mundo. Só na Nigéria, são produzidas anualmente 1,5 milhões de toneladas de milho da Guiné, enquanto o Estado de Kaduna produziu cerca de 92 000 toneladas de milho da Guiné em 2007. Entretanto, a cinza foi classificada como pozolana com cerca de 60-65% de dióxido de silício e cerca de 5% de óxido de alumínio e 1% de óxidos de ferro. A sílica está essencialmente contida na forma amorfa, capaz de reagir com o CaOH produzido para realizar os sonhos do Ministério Federal da Construção da Nigéria de encontrar materiais de construção baratos. O Banco Mundial também dedicou somas consideráveis à investigação destinada a tornar os resíduos industriais utilizáveis para outros fins. De acordo com a definição da ASTM 618 - 05 (2005), a pozolana é um material salino e aluminoso que tem pouco ou nenhum valor cimentício por si só, mas que, em forma finamente dividida e na presença de humidade, reage quimicamente com o hidróxido de cálcio (CaOH) a uma temperatura normal para formar um composto com propriedades cimentícias. Em geral, as pozolanas podem ser divididas em dois grupos: pozolanas naturais e pozolanas artificiais. (Pielert, 2006). Os pozolanas naturais são os principais produtos obtidos por tratamento térmico de materiais naturais, tais como argila e conchas. Algumas cinzas de rocha e cinzas volantes de sal (Lea, 1970) e cinzas de aquecimento de óleo de palma, um produto residual produzido em abundância em todo o país pela indústria de moagem de óleo de palma da Malásia, estão entre os pozolantes artificiais. Este material, obtido através da queima de cascas e fibras de óleo de palma extraído, contém uma elevada proporção de sílica e pode ser utilizado como um substituto parcial do cimento.

1.2.1 Metas e objectivos

1.2.2 Objetivo

Os principais objectivos deste trabalho de investigação são melhorar as propriedades técnicas do solo laterítico recolhido das dunas ao longo da via rápida Kaduna - Abuja (Nigéria) para o fabrico de tijolos lateríticos, bem como comparar a resistência à compressão dos tijolos lateríticos triturados em diferentes proporções de mistura e avaliar o efeito do calcário - cinza de casca de milho guineense nas propriedades técnicas do solo laterítico.

1.2.3 Objectivos

i. Determinação da mistura adequada de cal-guiné-milho-cinzas em solos lateríticos

ii. Determinação dos efeitos da cinza de casca de milho calcário da Guiné nas propriedades técnicas de solos lateríticos

iii. Determinação da resistência à compressão de tijolos lateríticos fabricados com cal, cascas de milho da Guiné e laterita.

iv. A determinação da concentração necessária de GHA conduz à melhoria desejada das propriedades.

v. verificar se os valores de resistência obtidos com as percentagens óptimas estão em conformidade com as especificações da norma britânica (BS)

1.1.1 Descrição do problema

Verificou-se que o fracasso de algumas estruturas e tijolos se deveu à inadequação do conceito de um material de desempenho estrutural adequado ou da proporção da mistura. Dado o fracasso do desempenho estrutural e da durabilidade dos tijolos nalgumas partes do país, é necessário um estudo abrangente sobre a qualidade provável da laterite em Kaduna.

1.1.2 Âmbito de aplicação e limitações

1.1.3 Gama

O objetivo desta investigação é determinar a resistência à compressão de tijolos de laterite utilizando laterite calcária e cinza de casca de milho da Guiné em curvas ao longo da via rápida Kaduna - Abuja durante 7, 14 e 21 anos. Estão a ser realizadas experiências em laboratório para determinar a energia de compactação de acordo com a British Standard Light (BSL), o efeito da cinza de casca de milho da Guiné nas propriedades de engenharia da laterite, o California Bearing Ratio (CBR) e a resistência à compressão (CCS).

1.1.4 Limitação

Este estudo limita-se a uma resistência à compressão limitada, efectuada em laboratório durante 7, 14 e 21 dias.

1.5 Importância do estudo

Esta investigação é de importância vital para os engenheiros civis e utilizadores de solos lateríticos na metrópole de Kaduna, tendo em vista a produção de tijolos lateríticos rentáveis e de alta qualidade.

1.6 Contribuição para o conhecimento

O objetivo deste trabalho é alargar o nosso conhecimento sobre a descoberta de amostras qualitativas de solo para o fabrico de tijolos lateríticos.

Segundo capítulo

Revisão da literatura

2.1 Preâmbulo

A denominação solo laterítico foi utilizada por Buchama (1807) para descrever um material ferruginoso, vesicular, não estratificado e poroso, de cor amarelo ocre, devido ao seu elevado teor de ferro, encontrado em abundância em Malaba (Índia). A laterite foi definida e descrita muitas vezes desde a sua descoberta. Smith (1978) definiu a laterite como um resíduo de solo formado a partir de calcário depois de o material rochoso solúvel ter sido lixiviado pela água da chuva, deixando para trás ferro solúvel e hidróxido de alumínio.

No domínio da tecnologia das lateritas, foram recentemente efectuados vários estudos interessantes para determinar as aplicações úteis dos solos lateríticos na construção e nas profissões afins. A estabilização e a modificação dos solos lateríticos estão no centro da investigação recursiva destinada a melhorar a resistência e a durabilidade dos solos. A estabilização (cal) actua como aglutinante para estabilizar a laterite. A modificação, por outro lado, refere-se ao processo de estabilização que, por construção, produz um material cimentado, endurecido ou semi-endurecido em toda a sua extensão (Ola, 1983). Duas abordagens para a estabilização ou modificação são o método mecânico e o método aditivo. A eficácia da estabilização mecânica por observação/mistura depende da capacidade de obter uniformidade nas propriedades mecânicas de dois ou mais tipos de material que satisfaçam as especificações exigidas. Existem dois tipos de métodos de estabilização por aditivos: químico e betuminoso. A estabilização química pode ser conseguida através da adição de uma percentagem adequada de cimento Portland, cal, cinzas volantes de cimento e cal, ou uma combinação destes materiais, à laterite. O objetivo dos modificadores é tornar as propriedades da laterite viáveis para utilização ou, em alguns casos, preparar um ambiente condutor para a estabilização subsequente com cal, cimento ou betume e outros produtos químicos (Dallas, 2000). Os modificadores de cimento e cal são utilizados em pequenas quantidades para obter uma cimentação de alta resistência. A adição de cal a uma laterite resulta geralmente numa diminuição da densidade da laterite, numa alteração das propriedades de plasticidade da laterite e num aumento da resistência da laterite - estas alterações são o resultado de várias reacções. A primeira destas reacções é a modificação da película de água que envolve o mineral argiloso. O calcário é divalente e serve para unir fortemente as partículas de laterite. Isto, por sua vez, reduz a plasticidade e conduz a uma estrutura granular mais aberta. Um segundo processo pelo qual a cal modifica a laterita é a floculação das partículas de laterita. A quantidade de cal geralmente utilizada na construção (5 a 10% em peso) resulta numa concentração mais elevada de iões de cálcio do que a realmente necessária. (Forsberg, 1969). O terceiro processo pelo qual a cal afecta a laterite é a reação da cal com os componentes da laterite para formar novos produtos químicos. Os dois principais componentes da laterite que reagem com a cal são a alumina e a sílica. Esta é uma reação a longo prazo que conduz a resistências mais elevadas quando as misturas de cal e laterite são curadas durante um período de tempo.

Esta reação é conhecida como o "efeito pozolânico". É importante notar que uma das principais diferenças entre as misturas de cimento de laterite e cal é o facto de a mistura de cimento de laterite e cal ganhar resistência. As misturas de cimento de laterite e cal ganham resistência durante a cura As misturas de cimento de laterite ganham resistência rapidamente durante o processo de cura, enquanto as misturas de cal e laterite mostram um aumento de resistência durante períodos relativamente longos (Osula, 1991):

2.2 Descrição e classificação da laterite

É necessário um sistema formal de descrição e classificação de lateritas para descrever os diferentes materiais encontrados durante as investigações de solos. Esse sistema tem de ser abrangente (cobrindo todas as áreas exceto as zonas deposicionais), significativo num contexto técnico (para que os engenheiros o possam compreender e interpretar) e, no entanto, relativamente conciso. É importante distinguir entre descrição e classificação. A descrição da laterita é uma declaração sobre a natureza física e o estado da laterita; pode ser uma descrição de uma amostra ou da laterita in situ. É estabelecida com base em exames visuais, testes de amostras, observações das condições do local, história geológica, etc. A classificação da laterite consiste em dividir a laterite em classes ou grupos, cada um com caraterísticas semelhantes e um comportamento potencialmente semelhante. A classificação para fins técnicos deve basear-se principalmente nas propriedades mecânicas, como a permeabilidade, a rigidez e a resistência.

2.3 Caraterísticas básicas da laterite

A laterite é constituída por grãos como (grãos minerais, fragmentos de rocha, etc.) com água e ar nas cavidades entre os grãos. O conteúdo de água e ar varia ligeiramente com a mudança das condições, e a laterite pode estar completamente seca (sem conteúdo de água) ou parcialmente saturada (com ar e água) num determinado local. Embora o tamanho e a forma do conteúdo sólido (granular) raramente se alterem num determinado local, podem variar consideravelmente de um local para outro. Se considerarmos a laterite como um material de construção, não se trata de um material sólido coerente como o aço e o betão, mas sim de um material particulado. É importante compreender a importância do tamanho, da forma e da composição das partículas (Lees et al., 1982).

2.4 Partículas de solo laterítico

O termo laterite tem vários significados, dependendo do domínio geral em que é considerado. Os engenheiros consideram a laterite como um material complexo resultante da alteração de rochas sólidas, cuja formação é o resultado do ciclo geológico que está constantemente a ocorrer na Terra (Punmia, 2005). Na natureza, a laterite é composta por três elementos que, embora separados espacialmente, se misturam para formar um material complexo (Punmia, 2005). A laterite, em todas as suas formas, é um material natural altamente alterado resultante da concentração de óxidos hidratados de ferro ou alumínio. Esta concentração pode ocorrer por acumulação residual ou por dissolução e precipitação química (Charman, 1988). A laterite é o resultado de um processo de decomposição ou alteração e encontra-se em perfis que vão desde a rocha fresca em profundidade até aos restos de solo à superfície, passando por várias fases de decomposição. A laterite é frequentemente de cor avermelhada, mas nem todos os solos tropicais avermelhados são lateríticos (Charman, 1988).

2.5 Desenvolvimento de solos lateríticos

Os resultados de trabalhos anteriores sobre solos lateríticos nigerianos mostram que os solos são compostos principalmente por caulinite com algum quartzo. O fator mais importante para o trabalho técnico é a ausência de qualquer tipo de mineral de inchamento, por exemplo

2.6 Formação de solos lateríticos

Os solos lateríticos formam-se em regiões tropicais quentes e húmidas, onde a precipitação anual se situa entre 750 mm e 300 mm (geralmente em regiões com uma estação seca acentuada), numa variedade de tipos diferentes de rochas com um elevado teor de ferro. [00]Os locais do globo terrestre que caracterizam esta linha situam-se entre as latitudes 35 S e 35 N. A laterização consiste em alterações físico-químicas dos minerais das rochas primárias em materiais ricos em argilominerais leitosos (caulinite) e componentes lateríticos. Inicialmente, o Ca, o Mg, o Na e o K são libertados, deixando um esqueleto silicioso para a formação de argilominerais. Sob um ataque alcalino prolongado, o esqueleto silicioso composto por sílica tetraédrica e alumina octaédrica dissolve-se, a sílica, que é solúvel em todos os níveis de pH, é lentamente lixiviada, enquanto a alumina e o óxido de ferro (Fe_2O_3, Al2O3 e TiO_2) permanecem com o caulino como produto final da meteorização da argila. O resultado final é uma "matriz avermelhada" composta de caulinita, goethita e fragmentos de crosta de pisolita e ferro (Ibid, 1980).

2.7 Composição do solo laterítico

A laterite é composta pelas diferentes propriedades de quatro tipos de materiais, cada um dos quais se comporta de forma caraterística. Abaixo estão as propriedades dos quais dois têm a capacidade de resistir a condições alternadas de humidade e secura sem que as suas propriedades se alterem, o que é fundamental para os materiais de construção. (Charman, 1988).

i. **Cascalho:** as suas propriedades mecânicas não se alteram significativamente na presença de água e o seu tamanho varia entre 2 pm e 20 pm.

ii. **Areia:** Este é outro componente estável do solo, variando em tamanho de 0.6pm - 2pm. Não têm coesão quando secas, mas têm um nível muito elevado de fricção interna, que, quando húmidas, apresentam uma coesão aparente à superfície.

iii. **Siltes:** têm uma dimensão compreendida entre 0,02 e 0,06 ppm. Têm pouca coesão quando secos, pois a sua resistência ao movimento é geralmente inferior à das areias. Apresentam coesão quando molhados e expostos a diferentes níveis de humidade, inchando e encolhendo e alterando significativamente o seu volume.

iv. **Argilas:** São a fração mais fina do solo < 0,002pm (<2um) e são principalmente compostas por partículas microscópicas de minerais de argila, incluindo caulino, ilite e moutmotlons.

2.8 Comportamento técnico da laterite

Os solos lateríticos têm caraterísticas invulgares quando comparados com os solos das zonas temperadas do mundo (Charman, 1988). Os depósitos de solos lateríticos podem ser encontrados num estado duro ou cimentado (concrecionário), particularmente em áreas onde a vegetação é escassa ou foi eliminada. A concentração de óxido de ferro livre no solo é tão elevada que o solo endurecido pode ser extraído e utilizado como material semelhante ao tijolo para fins de construção. Os solos lateríticos são caracterizados por uma granulometria irregular, composta principalmente por cascalho e argila, mas contendo muito poucas partículas de areia e silte (Dallas, 2000). Quando utilizados como materiais de construção, estes solos intemperizados são frequentemente instáveis e podem colapsar ainda mais durante o carregamento e o ensaio ou durante a escavação e a colocação. O retrabalho de um solo laterítico até um determinado teor de água altera frequentemente propriedades como a plasticidade e as propriedades de compactação (Osula, 1991). Os solos lateríticos são utilizados economicamente na maioria das áreas domésticas como materiais de construção para a construção de estradas e aterros e para suportar fundações. Estes materiais podem ser utilizados com sucesso se forem protegidos da infiltração ou escoamento de água, e o efeito de cargas pesadas e repetitivas pode ser melhorado através da utilização de aditivos comuns, como o cimento e a cal, ou através da consideração/mistura com outros materiais para obter uma gradação desejada (Charman, 1988).

2.9 Distribuição do tamanho das partículas

Isto pode fornecer as seguintes informações

i. Uma base para a identificação e classificação do solo .

ii. Caraterísticas de compatibilidade

iii. Permeabilidade

iv. Capacidade de inchaço

v. Uma ideia aproximada das propriedades de deformação da massa de solo.

A textura dos solos lateríticos é muito variável e pode conter fracções de todos os tamanhos: Pedaços de rocha, seixos, cascalho, areia, silte e também concreções. O cascalho quartzítico, resultante da transformação de rochas calcárias ricas em quartzo, tem geralmente uma boa granulometria com 20% de sal e argila. As rochas lateríticas concrecionárias têm um teor de finos mais elevado, de 35% a 40%. As rochas lateríticas concrecionárias no sopé da encosta têm uma granulometria grosseira e uma classificação lacunar (menos areia) em comparação com os cascalhos situados a maior altitude. (Charman, 1988).

2.10 Propriedades da laterite natural antes da estabilização

Characteristics	Description
Natural Moisture content (%)	19.60
Percent passing B. S sieve No. 200	57.15
Liquid limit (%)	49.5
Plastic limit (%)	24.4
Plasticity index (%)	25.1
Group Index	20
AASHTO classification	A–7–6
Maximum dry density (mg/m^3)	1.482
Optimum moisture content (%)	18.38
Unconfined compressive strength (KN/m^2)	290
California Bearing ratio (%)	8.5
Specific gravity	2.69
Colour	Reddish brown

2.11 Melhoramento de solos lateríticos

A estabilização pode ser definida como qualquer processo pelo qual um material de solo é melhorado e tornado mais estável. Os objectivos da estabilização são, portanto, melhorar a resistência do solo, melhorar a capacidade de suporte e a durabilidade sob condições adversas de humidade e de carga e melhorar a estabilidade do volume de uma massa de solo (Clindra, 1987). A estabilização pode ser conseguida misturando mecanicamente o solo natural e o material estabilizador para obter uma mistura homogénea, ou adicionando o material estabilizador a um depósito de solo não perturbado e conseguindo a interação ao permitir que penetre nas cavidades do solo (Ola, 1983), sendo o solo e o estabilizador depois misturados e processados em conjunto, envolvendo o processo de colocação normalmente a compactação (Ola, 1983).

2.12 Cal

A palavra "cal" refere-se a produtos obtidos a partir de calcário (cálcio) calcinado, como a cal viva e a cal hidratada. O calcário é uma rocha sedimentar natural abundante, composta por uma elevada proporção de carbonato de cálcio e/ou magnésio e/ou dolomite (carbonato de cálcio e/ou magnésio) e pequenas quantidades de outros minerais. É extraído de pedreiras e minas subterrâneas em todo o mundo. A cal e os produtos calcários encontram-se entre os materiais mais antigos utilizados pelo homem para uma grande variedade de aplicações. Atualmente, este produto é utilizado como um elemento essencial em todos os processos industriais (Alhassan, 2008).

2.13 Calcário

O calcário é a maior e mais comum rocha sedimentar. É formado pela compactação de restos de animais e plantas de coral no fundo dos oceanos do mundo. O calcário é constituído por substâncias como a calcite (carbonato de cálcio) e/ou o mineral donomite.

Existem três tipos de calcário, definidos pela sua concentração de carbonato de magnésio ($MgCO_3$).

i. O calcário dolomítico é composto por 35-45% de carbonato de magnésio.

ii. O calcário magnesiano é composto por 5 a 35% de carbonato de magnésio.

iii. O calcário com elevado teor de cálcio contém menos de 5% de carbonato de magnésio.

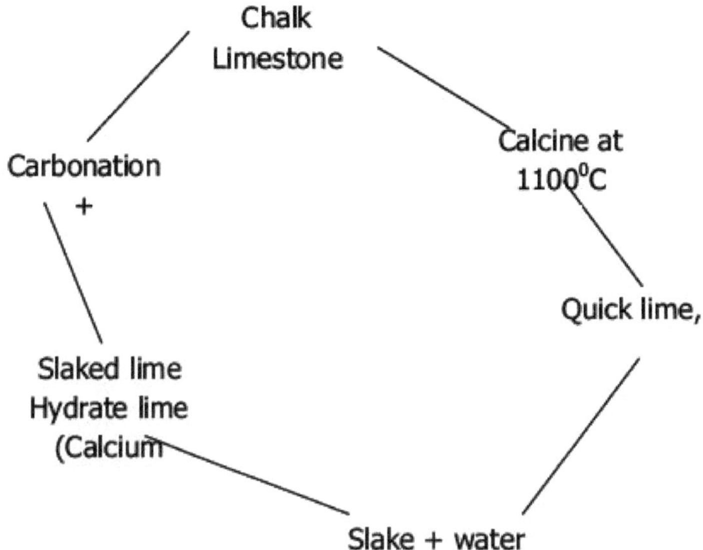

2.14 O ciclo do calcário

A cal hidratada e a cal viva são geralmente utilizadas para a estabilização no sector da construção. No entanto, a cal dolomítica mono-hidratada e a cal viva dolomítica são também utilizadas. A cal hidratada está disponível tanto na forma de pó como de cal apagada. A cal viva só está disponível sob a forma de grânulos secos. O calcário é extraído de pedreiras ou minas, sendo depois triturado e peneirado para permitir uma grande variedade de aplicações.

i. Ajuste do pH

ii. Dessulfuração de gases de combustão

iii. Fabrico de tijolos

iv. Inserções para produtos formulados (cimento de alvenaria, betão pronto, asfalto e massa para juntas).

v. Matérias-primas para o fabrico de vidro, pasta e papel, cimento Portland e aço.

A cal é um produto obtido a partir de calcário calcinado, como a cal viva e a cal hidratada (Osula, 1991).

1.1.1 1 Cal viva

O calcário é queimado (calcinado) para produzir cal viva, composta por óxidos de cálcio e magnésio. O calcário é transformado em cal viva por calcinação em fornos rotativos ou verticais energeticamente eficientes. ^{0}Estes fornos são geralmente utilizados a temperaturas superiores a 2.000 F. Este produto é utilizado numa vasta gama de aplicações ambientais e industriais. A cal viva é utilizada principalmente como fundente na indústria siderúrgica, na dessulfuração de gases de combustão (FGD) e em muitas outras aplicações ambientais. A cal viva é também um componente essencial na produção de fibra de vidro, alumínio, bombas e papel, urânio, ouro, cobre e muitas outras indústrias críticas. A poeira do forno de cal (húmida ou seca) é composta por cal viva e cinzas volantes de carvão ou parcialmente calcinada. Este material mineral é utilizado, entre outras coisas, para o tratamento ambiental, como matéria-prima para a produção de cimento, para a estabilização de solos e como agente neutralizante na agricultura.

1.1.2 2 Cal hidratada

A cal viva pode ser transformada num pó fino e seco, chamado cal hidratada, através da adição de água (hidratação) em condições controladas. O óxido de cálcio pode ser hidratado sem dificuldade à pressão atmosférica. O óxido de magnésio hidratado, por outro lado, requer um longo tempo de imersão e/ou altas pressões para se hidratar completamente. Devido a esta diferença, existem dois tipos de cal hidratada dolomítica. O tipo N é geralmente produzido à pressão atmosférica. O resultado é um produto de hidróxido de cálcio/óxido de magnésio que contém dolomite. A cal hidratada do tipo S é produzida a alta pressão, resultando na hidratação completa do composto de cálcio e magnésio. A cal hidratada é utilizada em muitos domínios, incluindo o tratamento de águas e a estabilização de solos, a agricultura, a modificação de asfalto e a dessulfuração de gases de combustão.

2.15 Estabilização da cal hidratada

A estabilização é conseguida através da adição da quantidade certa de cal a uma laterite reactiva. A estabilização difere da modificação na medida em que é utilizada uma reação pozolânica para alcançar um grau considerável de aumento da resistência a longo prazo. Esta reação consiste na formação de silicato de cálcio hidratado e aluminato de cálcio quando o cálcio da cal reage com o aluminato e o silicato que se desprendem da superfície do mineral de argila. Esta reação pode ocorrer rapidamente e é responsável pelos novos efeitos da modificação. No entanto, a reação pozolânica completa pode continuar durante muito tempo, mesmo durante muitos anos. Como resultado, algumas lateritas podem atingir uma resistência muito elevada quando tratadas com cal. A chave para a reatividade pozolânica e a estabilização é uma laterite reactiva e uma boa conceção da mistura. O resultado da estabilização pode ser um aumento considerável do módulo de elasticidade, uma melhoria significativa da resistência ao cisalhamento, um aumento contínuo da resistência ao longo do tempo e uma durabilidade a longo prazo de décadas. (Fossberg 1969).

2.16 Método de cura

Os tijolos de cal-laterite necessitam de tempo para endurecer ao ar de modo a atingirem a sua máxima resistência. Este é um requisito geral para todos os materiais calcários. Assim que um tijolo moldado carnudo é retirado da máquina de moldagem, a mistura de laterite deve permanecer no corpo do tijolo durante alguns dias. Quando o tijolo é exposto às condições ambientais, o material da superfície perde a sua mistura e as partículas de argila encolhem. Este facto provoca fissuras na superfície do tijolo. Um método para manter o tijolo húmido é colocá-lo num saco de plástico. Deve-se ter cuidado para que os cantos do tijolo não se partam, pois têm pouca resistência durante o endurecimento. Quando o saco estiver cheio de tijolos, a extremidade aberta do saco deve ser fechada para reter a mistura solta. Outro método consiste em remodelar o tijolo e expô-lo ao ar durante alguns dias antes de o endurecer; com este método, os tijolos ganham força suavemente, mas aparecem fissuras nos lados do tijolo. Se for utilizada cal como estabilizador, os tijolos devem endurecer durante cerca de 7 dias. A pilha deve ser borrifada com água e coberta com um cobertor (por exemplo, filme plástico, cana).

2.17 Puzzolana

A palavra pozolana é utilizada como um termo genérico para todos os materiais que reagem com a cal e que, na presença de água, se fixam, endurecem e desenvolvem resistência. A gama de materiais pozolânicos está em constante expansão, mas a sua origem, estrutura e composição química são muito diferentes, pelo que as classes de pozolanas incluem materiais naturais e materiais feitos a partir de resíduos agrícolas. A investigação revelou que a palavra pozolana foi derivada e descoberta na cidade de Pozzouli, onde foi encontrada uma pozolana adequada a partir de um material vulcânico vítreo. Os romanos utilizaram largamente a argamassa de pozolana calcária na construção, pintura e colonização do seu império e há provas de que as argamassas que continham resíduos eram utilizadas em edifícios romanos antigos.

2.18 Pozolana no sector da construção

Quando misturadas com cal, as pozolanas fornecem cimento para estruturas duráveis e espectaculares. Para além da redução de custos, as misturas de pozolanas estão sobretudo associadas a um melhor desenvolvimento da resistência e da resistência final, da porosidade e da permeabilidade, da durabilidade, em particular a redução da reação álcali-aglomerado e a melhoria da resistência ao ataque de sulfatos e ao calor de hidratação. No entanto, muitos países em desenvolvimento optaram por pozolanas onde elas estão disponíveis, a fim de reduzir o custo dos materiais e para complementar o cimento Portland, que é muitas vezes insuficiente. Além disso, a utilização de pozolanas de má qualidade ou em quantidades excessivas pode ter efeitos negativos. Estes incluem menor velocidade de endurecimento e desenvolvimento de resistência, maior retração a seco, maiores necessidades de água e menor resistência ao degelo.

2.19 Química da reação aos pozolanos

Durante o processo de hidratação, o hidróxido de cálcio é libertado. A cal reage com o teor de ácido silícico dos pozolanos na presença de água, formando silicatos de cálcio estáveis com propriedades cimentantes. Como resultado :

$$L\ CaOH \left\{ + SiO_2 \text{Pozzolanic Cement} \right\} \rightarrow \left\{ XCaO.SiO_2 \text{ Material} \right\}$$

Where 'X' is either 2 or 3

2.20 Categorias de pozolanas

Nacional Puzzolana - Pydrodas Argila, rocha elástica

Pozolana industrial - Argila calcinada, Ardósia

Cinzas de resíduos agrícolas - cinzas de casca de milho da Guiné, cinzas de casca de arroz

Foram efectuados vários estudos sobre pozolanas, a maioria dos quais centrados em pozolanas naturais e industriais e prestando menos atenção aos resíduos agrícolas. Concluiu-se que os pozolantes naturais, quando utilizados, melhoram propriedades como a trabalhabilidade, a extensibilidade, a resistência à tração, a resistência à compressão e reduzem a hemorragia da mistura e a retração a seco. Também se estudou e verificou que a escória granulada separadamente e o cimento Portland têm geralmente propriedades equivalentes ou, em muitos aspectos, superiores às do cimento Portland normal. A resistência à compressão das cinzas de cal do milho da Guiné e da terra laterítica contendo 50% de cinzas em peso é significativamente mais elevada do que a do cimento Portland, mesmo numa idade precoce de 3 e 7 dias.

Capítulo 3

Metodologia

3,0 Cinzas da pele da Guiné

Guinea corn husk

Guinea corn husk ash

As cascas de guineam são um resíduo que também é utilizado para a alimentação animal. Provêm da debulha dos guineamais e representam cerca de um terço do peso da cultura colhida. As cascas foram obtidas num armazém a partir de existências de mercado reservadas à alimentação animal. O pré-tratamento incluiu a remoção dos caules grandes, a secagem ao sol e a colheita manual para remover as cascas não revestidas, a fim de obter cascas puras. Uma vez concluído todo o pré-tratamento das cascas de milho, estas foram colocadas ao sol para secar. Foram deixadas a secar durante cerca de dois a três dias antes de serem queimadas. A cinza recolhida era carbonosa e, por vezes, de cor branca escura. As cinzas foram armazenadas num recipiente aberto depois de terem sido peneiradas com uma peneira BS 400um. A GHA é um modificador eficaz da laterite, melhorando a trabalhabilidade e a capacidade de carga, ao mesmo tempo que aumenta a estabilidade e a impermeabilidade. Este estabilizador também pode ser utilizado para secar laterite húmida em estaleiros de construção para reduzir o tempo de paragem e criar uma superfície de trabalho melhorada.

3.1 Processo para a composição de óxidos de cinza de casca de guiné

As amostras de casca de milho/cinzas foram trituradas a menos de 63 microns utilizando um triturador vibratório Tema. O almofariz em forma de pino do moinho esmaga a amostra antes de a peneirar até 63 mícrones. Para a análise dos elementos principais, expressos em percentagem em peso de óxido, foram preparadas pérolas, começando por colorir o pó da amostra numa estufa a 110°C durante 24 horas, para remover a humidade do pó de casca/cinzas. ^{0}Cerca de 5,0 g de pó de casca de milho/cinzas foram pesados no cadinho de silicato e depois queimados numa estufa a 100 C durante 2-3 horas para calcinar as impurezas do pó de casca/cinzas. As amostras foram então retiradas da estufa e arrefecidas à temperatura ambiente em exsicadores. Cada pó de casca/cinzas desincrustado foi então pesado de novo para determinar o peso das impurezas calcinadas. Pesou-se 1,0 g de pó de cinza/biscoito armazenado e adicionou-se exatamente 5 vezes [fluxo de raios X - tipo 66,34% (66,0% de tetraborato de lítio: 34% de metaborato de lítio) para baixar a temperatura de vitrificação do pó de cinza/biscoito. ^{0}A mistura pesada foi cuidadosamente misturada num prato de platina e cozida no forno pré-definido [Eggon 2 Automatic fuse head maker] a 1500 C durante 10 minutos para formar esferas de vidro. Cada pérola de vidro foi etiquetada e colocada no aparelho de XRF computorizado (modelo panalytic Epsilon 5) para análise dos elementos principais.

A análise dos oligoelementos foi efectuada utilizando granulados de pó comprimido. Estas pastilhas foram preparadas pesando 3,0 g de fundente (pó de celulose) adicionado como aglutinante e dispersante, e agitando-as durante 12 minutos em pequenos recipientes de plástico. $^{-2}$A mistura bem misturada foi depois comprimida até uma pressão de 1500 kgm , utilizando compressores manuais e electrónicos. As pastilhas foram colocadas no aparelho computorizado de XRF e as condições para a análise elementar foram definidas de modo a que o resultado fosse na forma elementar.

3.2 Recolha de amostras

A amostra de solo foi recolhida em Kudenden, ao longo da via rápida Kaduna - Abuja, durante a estação das chuvas (especificamente em julho). A amostra foi retirada de um fosso experimental com 1 m x 1 m x 0,5 m como amostra perturbada e recolhida em sacos. A cal hidratada $Ca(OH)_2$, rica em cálcio, foi adquirida no mercado. O método de obtenção das cinzas de conchas é descrito a seguir:

Um saco de palha de milho guineense com cerca de 60 kg foi esvaziado num monte sobre o chão de cimento do forno de pão local e foi acesa uma fogueira à sua volta. O carvão vegetal foi utilizado para

^{o}melhorar o processo até a temperatura atingir cerca de 950 C, fechando bem a porta do forno para impedir a entrada de ar, de modo a que a combustão se efectuasse na ausência de carbono. O processo de combustão era tão lento que demorava cerca de 12 horas a extinguir-se completamente.

Após a combustão completa, as cinzas apresentavam uma cor branco-acinzentada; após arrefecimento, as cinzas foram recolhidas em sacos. A amostra inicial, ou seja, a variável independente, e a variável dependente, ou seja, o estabilizante, foram utilizadas para efetuar os seguintes ensaios: i. Determinação do peso específico da cal

ii. Determinação do peso específico das cinzas de casca de grão da Guiné

iii. Para determinar o peso específico da laterite

iv. Para determinar a análise granulométrica da laterite

v. Ensaio da resistência à compressão do material utilizando cubos de argamassa.

3.3 Humidade natural

Para determinar o teor de humidade natural, uma amostra de solo de peso conhecido foi colocada num recipiente e pesada novamente. O peso do recipiente e da amostra de solo foi determinado com uma aproximação de 0,01 g. ^{0}Estas foram colocadas na estufa e secas a 105 C. As amostras foram então colocadas num recipiente de vidro.

$$W = \frac{Mw - M_d}{M_d - M_c} \times 100$$

^{0}a 110 C continuamente durante 18 horas, depois o teor de humidade é evacuado

Onde:

W = humidade em %.

$_{Mw}$ = peso do recipiente + amostra de solo húmido

Md = peso apenas do contentor

$_{Mc}$ = peso da amostra de solo

E este método é facilmente descrito de acordo com a norma BS 1377 (1990) para determinar o teor de humidade de amostras de solo.

3.4 Controlo por análise granulométrica

A análise da distribuição do tamanho das partículas é utilizada para determinar a gama de tamanhos de partículas presentes no solo argiloso. Mostra a distribuição de diferentes composições de partículas no solo. Indica se o solo é bom, médio ou mau, ou se está classificado para aplicações técnicas e de construção. A análise granulométrica efectuada no âmbito deste projeto foi realizada de acordo com a norma BS 1377 (1990). A análise granulométrica foi efectuada para determinar a dimensão das partículas do solo laterítico utilizando uma estufa de secagem, uma balança, peneiras BS, uma panela e um balde. Foram pesados 500 g de solo laterítico e embebidos durante 24 horas. A amostra embebida foi então cuidadosamente lavada através do peneiro de 200pm para remover completamente a fração argilosa do solo. O resto da amostra lavada foi então colocado na estufa durante 24 horas, a amostra seca foi recolhida e toda a amostra seca foi então vertida no peneiro 7 e colocada em

3 minutos, o peso da amostra retido em cada peneira foi determinado, a percentagem retida em cada peneira foi calculada mergulhando o peso retido em cada peneira pelo peso inicial da amostra de solo, calculando a percentagem que passa em cada peneira, começando em 100%, e subtraindo a percentagem retida em cada peneira como um processo cumulativo. Por fim, a percentagem de passagem foi representada em função das dimensões do peneiro BS.

3.5 Ensaio de compressão

Os ensaios de compactação foram efectuados de acordo com as normas BS 1377 (1990) e BS 1924 (1990). Mediram-se aproximadamente 3 kg de solo laterítico e misturaram-se cuidadosamente com água, à qual se adicionou uma quantidade controlada de 2-8% de cal e cinza de casca de milho da Guiné. O solo foi colocado em três ou quatro camadas num molde pré-fabricado e compactado a uma taxa de 35 a 50 golpes por camada, deixando cair um pilão de 2,5 kg a uma altura de 300 mm. O colar do molde foi retirado e a laterite compactada foi cuidadosamente nivelada com uma régua de cabelo. O peso total da amostra e do molde foi registado. Para determinar o teor de humidade, retirou-se uma pequena porção de laterite da parte superior e inferior do molde. A parte restante da amostra foi retirada e misturada com uma quantidade adequada de água (H_2O), depois bem misturada; o mesmo procedimento foi repetido. Foram realizadas pelo menos cinco compactações para determinar o teor de humidade ótimo (OMC). Todo o procedimento foi repetido para cada percentagem de cal e cinza de casca de milho da Guiné de 2%, 4%, 6% e 8%, respetivamente. [3]O valor obtido da equação na folha de diagrama para cada percentagem de água adicionada foi traçado, OMC contra MDD e a densidade aparente foi calculada em g/m . O resultado da derivação dá uma curva.

3.6 A caixa de corte direto

O ensaio de cisalhamento é o método mais simples, mais antigo e menos complicado para medir a resistência ao cisalhamento dos solos em termos de tensão total. É também o mais fácil de compreender, mas apresenta algumas imperfeições (Manual of Soil Laboratory Testing, 1994). A sua caraterística essencial é uma caixa retangular dividida horizontalmente em duas partes e contendo um prisma retangular de solo. Enquanto o prisma é submetido a uma força de compressão vertical constante, uma força horizontal crescente é exercida na metade superior da caixa, de modo que o prisma gira ao longo do plano de divisão da caixa. O ensaio é normalmente realizado em vários provetes idênticos sujeitos a diferentes tensões verticais, de modo a que se possa registar um gráfico da resistência ao corte em função da tensão vertical. O movimento vertical da face superior do provete, que indica alterações no volume, é também medido e permite avaliar as alterações na densidade e na percentagem de vazios durante o cisalhamento.

3.7 Peso específico da laterite

A gravidade específica foi determinada de acordo com a norma BS 1377 (1990). O ensaio aplica-se especificamente à laterite; foram colocadas amostras de laterite seca ao ar num frasco de densidade de 50 ml. Este também foi enchido com água. O recipiente foi então esvaziado e enchido apenas com água; o peso específico foi calculado da seguinte forma

$$Gs = \frac{M_2 - M_1}{(M_4 - M_1) - (M_3 - M_2)}$$

Where,

Gs = Specific gravity

M1 = Peso do frasco de densidade (g)

M2 = Peso da garrafa selada + fundo seco (g)

M3 = Peso da garrafa + solo + água (g)

4 M = Peso da garrafa + apenas água

3.8 Fronteira de Atterberg

Estes incluem ensaios para determinar o limite de líquido, o limite de plástico e o limite de

Índice de plasticidade (PI).

3.8.1 Controlo dos valores-limite dos líquidos

O ensaio de limite de líquido foi efectuado em conformidade com a norma BS 1377 (1990), ensaio 1(A).

Para a amostra natural, 2010 do material que passa através da abertura de 425 pm

Foi testada a dimensão da peneira. A base foi cuidadosamente misturada com água numa placa de vidro plana para formar uma pasta homogénea. A pasta foi então colocada no dispositivo de Kassagrander, nivelada e dividida puxando uma ranhura no centro da dobradiça. A manivela foi então rodada para levantar o balde e deixá-lo cair até que a amostra dividida se fechasse no fundo da ranhura; o número de golpes em que isso ocorreu foi registado e uma pequena quantidade desta amostra foi retirada e o seu teor de humidade corretamente determinado. O ensaio foi efectuado para um teor de humidade bem definido, de seco a húmido. O valor do teor de humidade obtido e o respetivo número de pancadas foram traçados em papel semi-logarítmico. O limite de líquido foi deduzido como o teor de humidade correspondente a 25 batidas.

O mesmo procedimento foi repetido para o material que contém o estabilizador. A fração que passou no peneiro de 425 pm foi misturada com o estabilizador (cal e cinza de pele de milho da Guiné) nas seguintes proporções: 10%, 20%, 30%, 40% e 50%.

3.6.1 Exame do limite plástico

O ensaio do limite plástico foi efectuado numa porção da amostra retirada da amostra utilizada para determinar o limite líquido. A bola de amostra húmida foi colocada entre as palmas das mãos, enrolada e dividida em duas subamostras para formar quatro partes aproximadamente iguais. Estas partes foram enroladas entre a natureza dos dedos e a superfície do vidro, exercendo uma pressão suficiente para reduzir o diâmetro do fio a cerca de 3 mm. Esta foi formada por uma rosca e enrolada até que a rosca se cortasse em ambas as direcções. O limite plástico foi registado como o teor médio de humidade obtido. Este procedimento foi repetido com cada aumento progressivo da concentração de cal e de cinza de casca de milho da Guiné. O índice de plasticidade (IP) foi calculado a partir dos resultados dos ensaios de limite líquido e limite plástico da seguinte forma

PI = LL - PL.

3.9 Ensaio de resistência à compressão

Para determinar a resistência à compressão do material utilizando cubos de argamassa, os moldes foram limpos e oleados no interior, sendo depois colocados numa placa de base que também foi oleada para evitar que a argamassa se colasse. A argamassa de cal homogénea foi vertida no molde e batida a um ritmo de 25 pancadas por camada. Os cubos foram desmoldados e curados ao ar durante sete, catorze e vinte e um dias, sendo depois esmagados com uma máquina de ensaios de compressão. A seguinte fórmula foi utilizada para calcular a resistência à compressão.

$$\text{Resistência à compressão (N/mm}^2\text{)} = \frac{\text{carga (kN)} \times 1000}{\text{Superfície (mm)}^2}$$

3.9.1 Teste de necessidade de água

A qualidade da água a utilizar no projeto é a mesma que a da água potável (deve ser limpa e isenta de substâncias orgânicas nocivas). A qualidade da água é importante, pois as impurezas que contém podem comprometer o tempo de presa da cal, ter um efeito negativo no tijolo ou provocar manchas na sua superfície, razão pela qual se deve ter em conta a aptidão da água para a mistura e o endurecimento. O pH da água é de 7, ou seja, neutro.

3.9.2 Ensaio de resistência à compressão de tijolos

O principal objetivo da implementação de todos os processos de fabrico de argamassa acima mencionados é a obtenção de uma resistência suficiente. Os cubos deste projeto de investigação foram testados após sete, catorze e vinte e um dias, respetivamente. Os cubos foram secos ao ar. Foram pesados e ensaiados com uma máquina de ensaios de resistência à compressão. A carga de rutura foi determinada e a resistência à compressão foi calculada como se mostra a seguir:

$$\text{Brick strength} = \frac{\text{Failure load}}{\text{Area}}$$

Tijolo de laterite antes e depois da trituração

Quarto capítulo

4.0Apresentação, análise e discussão dos resultados

4.1 Apresentação e análise dos resultados

Quadro 4.1.1: Composição dos óxidos de G.H e G.H.A

Oxide%	Guinea corn-husk	Guinea corn-husk ash
SiO_2	62.9	63.5
K_2O	0.4	0.6
Na_2O	0.1	0.12
CaO	1.04	1.3
MgO	0.13	0.7
$Fe2O_3$	4.01	3.5
$P2O_5$	0.21	0.4
SO_3	0.07	0.05
Al_2O_3	29.21	29.0

Quadro 4.1.2: Classificação dos solos

Soil sample	Group
Laterite	A-2 (A-2-4)

Quadro 4.1.3: Teor de humidade natural

Container No................................	92	202	94
Wt.of wet soil+container.........gr	32.30	32.90	30.50
Wt.of dry soil+container.......gr	30.00	30.50	28.13
Wt.of container........................	5.10	5.20	5.10
Wt.of moisture (Wm)....gr	2.30	2.40	2.37
Wt.of dry soil (Wd)....gr	24.90	25.30	23.03
Moisture content (100 Wm/Wd)...%	9.24	9.49	10.29
Average moisture contents (m)......%	9.67		

Quadro 4.1.4: Resultados do ensaio de gravidade específica

Sample No.	Wt. of bottle m1(g)	Wt. bottle+soil m2(g)	Wt. of bottle+soil+water m3(g)	Wt.of bottle water M4(g)	Specific gravity
Parent	29.90	54.10	95.00	80.70	2.44

Quadro 4.1.5: Fichas de resultados da análise granulométrica (via húmida)

AMOSTRA: Equipamento superior

Bs sieve No	Wt.retained (g)	Cumult.wt Retained (g)	Percentage wt. Retained (%)	Total passing (%)
7	94.7	94.7	18.9	81.1
10	32.4	127.1	6.5	74.6
14	24.7	151.8	4.9	69.6
18	21.0	172.8	4.2	65.4
25	13.7	186.5	2.7	62.7

36	26.3	212.8	5.3	57.4
52	18.1	230.9	3.6	53.8
72	16.2	247.1	3.2	50.6
100	19.0	266.1	3.8	46.8
150	38.0	304.1	7.6	39.2
200	27.1	331.2	5.4	33.8
PAN	0.0			

Peso da amostra antes da peneiração = 500 g
Percentagem de silte e argila = 33,80%.

Quadro 4.1.6: Resultados da compactação

Additives	**%**	**MDD(g/cm^3)**	**OMC (%)**
Parent	0	1.73	15.24
Lime	2	1.68	18.5
	4	1.60	15.44
	6	1.64	18.62
	8	1.62	18.28
G.H.A	2	1.78	15.28
	4	1.72	18.18
	6	1.69	18.08
	8	1.83	15.85
Lime& G.H.A	2	1.72	15.57
	4	1.74	15.13
	6	1.74	18.27
	8	1.66	18.17

Tabela 4.1.7: Resultado do ensaio de caixa de cisalhamento

Additive	Percentage%	Apparent cohession(KN/M^2)	Angle of internal friction
Parent	0	11.50	29°
GHA	2	22.00	26°
	4	12.50	29°
	6	21.00	27°
	8	24.00	27°
Lime	2	31.00	39°
	4	20.00	28°
	6	22.00	27°
	8	55.00	10°

Quadro 4.1.8: Resultado do teste de Atterberg

Additive	Percentage (%)	L.L (%)	P.L (%)	P.I (%)	L.S (%)
Parent	0	30.00	27.96	02.08	10.71
G.H.A	2	33.60	27.92	05.68	12.80
	4	23.80	21.88	01.92	12.60
	6	36.50	33.64	02.86	12.85
	8	36.30	27.33	08.97	13.40
Lime	2	37.00	36.57	0.49	12.90
	4	38.59	36.50	02.09	12.90
	6	39.50	38.10	01.40	13.00
	8	40.70	31.62	09.08	13.40

Tabela 4.1.9: Resistência à compressão do calcário laterítico G.H.A. Resultados dos ensaios

Laterite %	G.H.A %	Lime %	Age of bricks (Days)	Average compressive strength (N/mm^2)
100	0	0	7	0.89
			14	0.92
			21	1.10
96	2	2	7	0.92
			14	0.94
			21	1.14
92	4	4	7	1.10
			14	1.15
			21	1.17
88	6	6	7	1.12
			14	1.17
			21	1.19
84	8	8	7	1.14
			14	1.19
			21	1.21

%	NMC %	Gs	Classification	Atterberg				Shear box		Compaction		Cubes		Additives	Location
			A-2-4	LL (%)	PL (%)	PI (%)	LS (%)	C (KN/m²)	Ø (°)	MDD (g/cm3)	OMC (%)	DAYS	A.C.S		
0	9.67	2.44		30.00	27.96	02.08	10.71	11.50	29°	1.73	15.24	7	0.89	Parent	Kudandan Kaduna
												14	0.92		
												21	1.10		
2				33.60	27.92	05.68	12.80	22.00	26°	1.78	15.28			G.H.A	
4				23.80	21.88	01.92	12.60	12.50	29°	1.72	18.18				
6				36.50	33.64	02.86	12.85	21.00	27°	1.69	18.08				
8				36.30	27.33	08.97	13.40	24.00	27°	1.83	15.85				
2				37.00	36.57	0.49	12.90	31.00	39°	1.68	18.5			Lime	
4				38.59	36.50	02.09	12.90	20.00	28°	1.60	15.44				
6				39.50	38.10	01.40	13.00	22.00	27°	1.64	18.62				
8				40.70	31.62	09.08	13.40	55.00	10°	1.62	18.28				
2										1.72	15.57	7	0.92	G.H.A & Lime	
												14	0.94		
												21	1.14		
4										1.74	15.13	7	1.10		
												14	1.15		
												21	1.17		
6										1.74	18.27	7	1.12		
												14	1.17		
												21	1.19		
8										1.66	18.17	7	1.14		
												14	1.19		
												21	1.21		

Quadro 4.1.10: Resumo geral dos resultados dos ensaios

4.2 Discussão dos resultados

A análise dos resultados da amostra de solo laterítico revelou que a amostra de solo foi classificada como A-2, o que, de acordo com a classificação de solos da AASHTO, é considerado excelente e bom para fundações. O teor de humidade natural foi de 9,62 e a gravidade específica foi de 2,44. [22]O valor de coesão aparente © era de 11,5, mas com a adição de 2% de cal e GHA, obteve-se um valor de 31,00 kN/m e 22,00 kN/m, respetivamente. [2]Com 8%, o valor de coesão aparente aumentou para 55,00 kN/m e 24,00 kN/m .[2]

Para 2% de GHA, foi encontrado um limite líquido de 33,00, mas diminuiu a 4% para 23,80, enquanto aumentou a 8% para 36,30. Para 2% de cal, foi encontrado um valor limite de 37,00, mas aumentou para 4%, 6% e 8%, respetivamente.

Além disso, o teste de compactação para o solo natural (laterita) deu um MDD de 1,73 para um MAC de 15,24%, enquanto a cal e o GHA a 2% foram 1,68 e 1,78, respetivamente. O MDD mais elevado foi obtido com 8% de GHA.

A resistência à compressão dos cubos após 7 dias de cura foi de 0,89, 0,92, 1,10, 1,12 e 1,14 para 0%, 2%, 4%, 6% e 8% de GHA e cal, respetivamente. Isto mostra que a resistência à compressão aumenta com a adição do aditivo.

Capítulo 5

5.0 Conclusões e recomendações

5.1 Conclusão

Os resultados da análise granulométrica indicam que o solo laterítico utilizado para este trabalho de investigação é classificado de acordo com o sistema de classificação da AASTHO. O solo laterítico é considerado um solo arenoso-cascalhoso siltoso ou argiloso, que é classificado como excelente de acordo com a classificação de solos da AASHTO, ou seja, é bem adequado para fundações. Os valores do limite de Atterberg também melhoram significativamente para o limite líquido e o limite plástico. A flutuação do OMC é uma inversão da flutuação do MDD. Os resultados do estudo efectuado permitem tirar as seguintes conclusões. A resistência à compressão dos tijolos obtidos aumenta com o aumento da proporção de cal e GHA e também com o aumento da idade de endurecimento.

5.2 Recomendações

A cal não está facilmente disponível, mas é boa para melhorar as propriedades técnicas dos solos lateríticos. O governo deve, por conseguinte, procurar formas de tornar a cal facilmente disponível, dado que a matéria-prima de base para a produção de cal está disponível localmente.

Dado que o GHA está facilmente disponível, o governo deveria encorajar a utilização de resíduos agrícolas locais na construção de tijolos para pessoas com baixos rendimentos, dado que 8% do peso da cal e do GHA é constituído pelo peso da laterite. Para o efeito, o governo pode criar uma pequena indústria capaz de produzir este tipo de tijolo em grande escala e a baixo custo.

Além disso, o governo deve apoiar a indústria de pequena escala através da concessão de empréstimos para projectos a longo prazo, a fim de incentivar o estabelecimento destas indústrias na Nigéria.

Por último, devem ser efectuados estudos suplementares para determinar a percentagem óptima de GHA calcário em relação ao peso da laterite.

REFERÊNCIAS

- AASHTO. (1986) : Especificação normalizada para materiais de transporte e métodos de amostragem e ensaio. 14ª edição. American Association of State Highway and Transportation Officials, Washington, DC, EUA.
- Alhassan, M.; e Mustapha, A.M. (2007): Efeito da cinza de casca de arroz na laterita estabilizada com cimento. Leonardo Electronic J. Practice and Technol. 6(11): 47-58.
- Alhassan, M. (2005): Efeito da cinza de bagaço de cana na laterite modificada com cal.

Seminário na Faculdade de Engenharia Civil, Universidade Ahmadu Bello, Zaria, Nigéria.

- ASTM(2005): (American Society for Testing and Material), 618-05(2005).
- Charman J.H., (1988): Laterite in Road Pavement. Publicação especial (47) da Construction Industry Research and Information Association para StoreyGate, Westminster, Londres.
- Dallas N. (2000): Avaliação das propriedades estruturais do solo estabilizado com cal.
- Fossberg, P.E. (1969): Algumas propriedades técnicas básicas da argila estabilizada com cal. Hwy. Res. Rec. 236: 19-26.
- Pielert J.H (2006): A importância dos ensaios e das propriedades do betão e dos materiais de betão.
- Locat, Y.; Berube, M.A.; e Choquette, M. (1990): Études en laboratoire sur la

stabilisation à la chaux des argiles sensibles: Evolution de la résistance au cisaillement. Can. Geotech. J. 27 : 294-304.

- Lea FM (1970.): Oportunidade de aumentar a utilização de argilas pozolânicas.
- Lees, G.; Abdelkader, M.P.; e Hamdani, S. K. (1982): Effets de la teneur en argile sur certaines propriétés mécaniques des mélanges chaux-sol. J. Inst. autoroute. Engineering 29(11): 2-9.
- Ola, S.A. 1983: La perméabilité de quelques sols nigérians compactés. *In*: Tropical soils of Nigeria in engineering practice. A.A. Balkema, Roterdão, Países Baixos, pp. 155-71.
- Osinubi B (1994): Potencial da cinza de casca de arroz para a estabilização do solo.
- Osula D.O.A (1991): Lime modification of protein laterite, Engineering geology vol.30 142-149.
    - Oyeleke, R.B. (2005): Influência do rácio de mistura na resistência à compressão de blocos de laterite modificados com cal Department of Civil EngineeringKaduna Polytechnic, Kaduna. P58 - 70.

Punmia B.C (2005): Soil Mechanisms and Foundation. Publicado por LaxiPublications Ltd 113 Golden House, Daryaganj, Nova Deli, Índia.

Printed by Books on Demand GmbH, Norderstedt / Germany